JN130365

お米のこれからを考える 2

おいしい お米ってなに？

お米の買いかたと食べかた

このシリーズは、お米の「今」をよく知って、これからの米づくりや日々の食事がどう変わっていくのかを考えるための本です。毎日食べているごはんがどんな食べものなのか、この本で調べてみましょう。

もくじ

お米の基礎知識

変わる！お米の買いかた

お米屋さんに行ってみよう

お米のとぎかたとたきかた

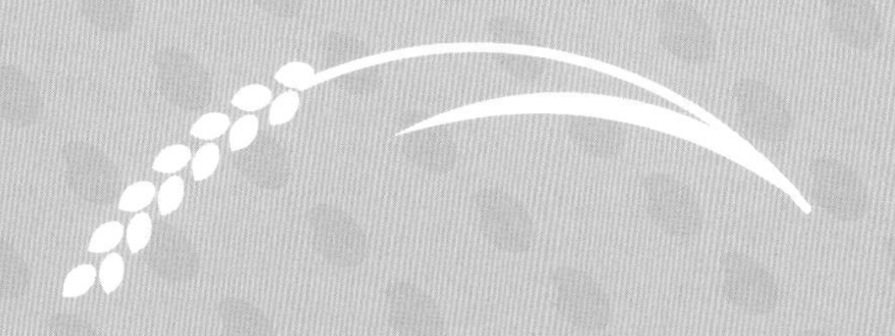

お米の基礎知識

たくさんの種類がある、お米。それぞれ味のちがいがわかりますか？ 品種・産地・鮮度・品質・精米など、お米を買ったり食べたりするうえで知っておきたい、味についての基礎知識を紹介します。

お米の基礎知識①

お米の味ってどんなもの？

お米ってどんな味？

わたしたちはお米のおいしさを、見た目のつや、口に入れたときの甘味、かんだときの弾力やねばり、鼻にぬける香りなど、五感で味わっています。なかでも弾力（ふっくらか、しゃっきりか）と、ねばりの強さ（もっちりか、あっさりか）はおいしさを左右するところです。一般的に、日本人にはねばりが強くて甘味のあるお米が人気です。お米の味はふくまれる2種類のでんぷん（アミロースとアミロペクチン※）や、たんぱく質などのバランスによってきまり、それはお米の品種や栽培する土地の気候によって変わります。

わたしたちが感じるお米の味

甘味
口で広がる甘味。かむほどに甘味を感じます。

ねばり
アミロペクチンを多くふくむほど、ねばりが出る。

弾力
米つぶに弾力があると、かみごたえのある食感に。

香り
香り成分は約100種類。組み合わせで香りがきまる。

お米の味を左右するもの

なにを育てるか（お米の品種）
品種によって弾力・ねばり・香りがちがい、合う料理も変わります。

どこで育てるか（土・地形・気候・水）
育つ条件で味が左右されます。とくに影響するのが気温と日照です。

だれが、どう育てたか（栽培方法）
肥料の種類ややりかたなど、栽培のしかたで味にちがいが出ます。

お米の品質
くだけたり、白くにごったりしたお米が多いと、味が落ちます。

鮮度
新米は細胞がやわらかく、ふっくら。古米はパサパサとした食感。

玄米か白米か（精米）
精米するかしないかや、精米の度合いで栄養・味が変わります。

どこでお米を買うか（購入先）
仕入先や販売店のお米の管理・精米方法なども味に影響します。

買ったお米をどこにしまうか（保存）
精米後は劣化しやすいので、適切に保管しないと味が落ちます。

とぎかた（調理）
とぎすぎや、水の量をまちがえると、おいしさが損なわれます。

※アミロースはかたさをつくり、アミロペクチンはねばりのもとになります。日本のうるち米にはアミロースとアミロペクチンが約2：8の割合でふくまれます。

お米の品種で味がちがう！

よく知られているコシヒカリ以外にもさまざまな特徴の品種があります。味のちがいに注目！

お米にはさまざまな味がある

ふだん食べているごはんはどんな味？　家で食べるごはんと外で食べるごはんの味の差がわかりますか？　じつはお米にはたくさんの品種があり、つぶの大きさやかみごたえ、甘味もことなります。この表は代表的なお米の品種の味を分布図でしめしたもので、お米屋さんのスズノブさん（P26）が作成したものです。販売店や農協（農業協同組合）などでこのようなチャート表が作られていますので、味のちがいに注目してみましょう。

平成29年産のお米の味の分布図

※表の中の名前はお米の品種名です

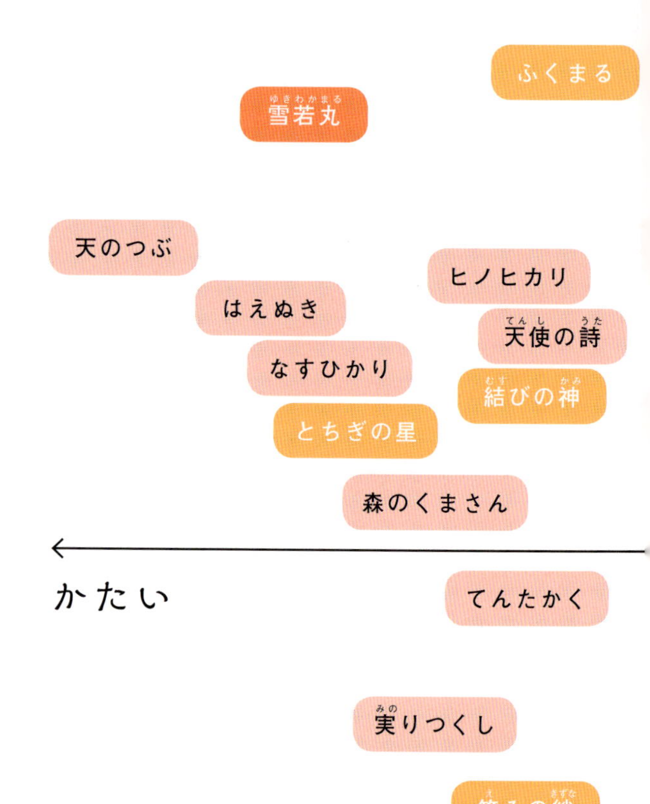

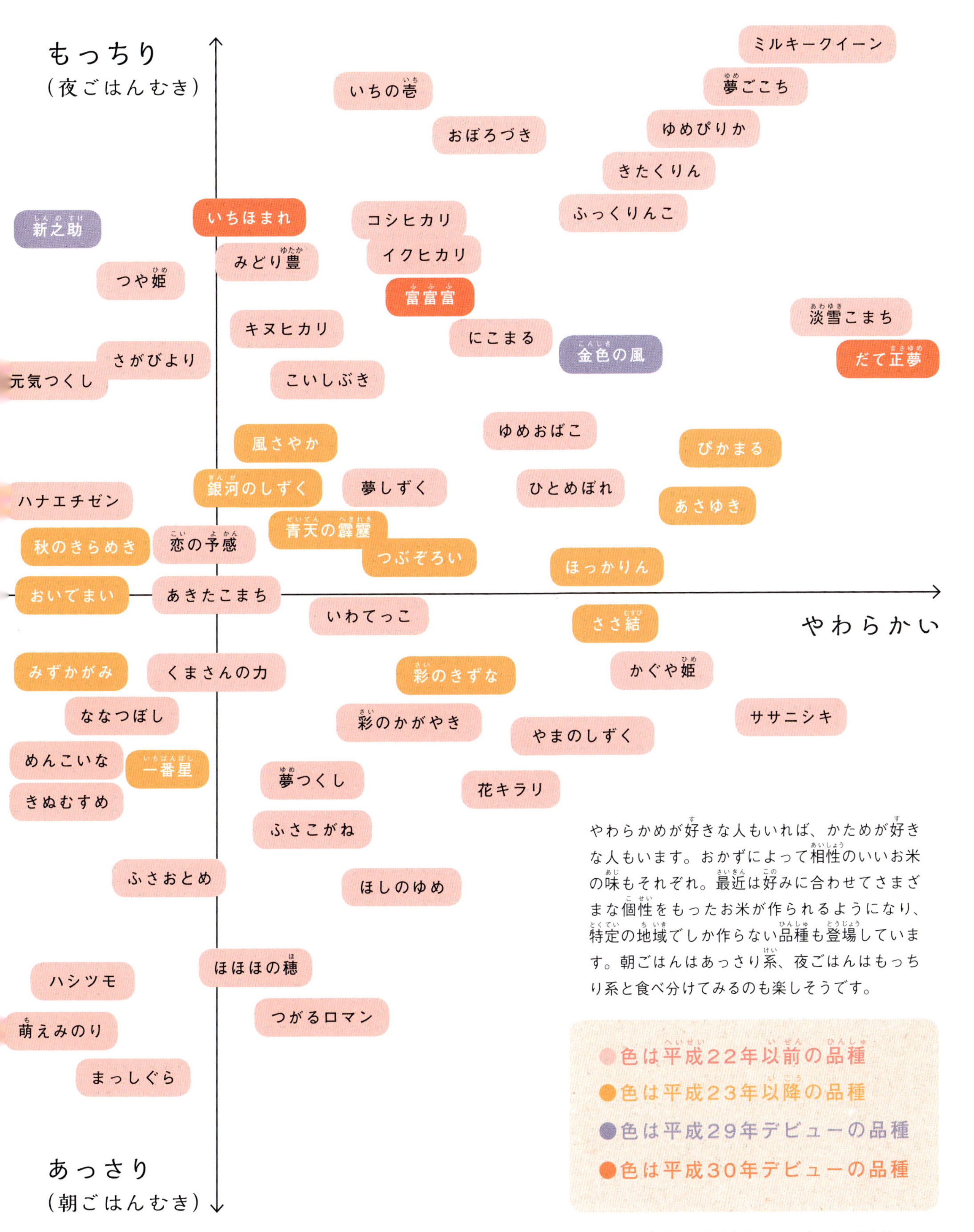

やわらかめが好きな人もいれば、かためが好きな人もいます。おかずによって相性のいいお米の味もそれぞれ。最近は好みに合わせてさまざまな個性をもったお米が作られるようになり、特定の地域でしか作らない品種も登場しています。朝ごはんはあっさり系、夜ごはんはもっちり系と食べ分けてみるのも楽しそうです。

出典：29年産食味チャート（スズノブ調べ）。
同じ産地でも生産者、流通、管理方法などで味に影響が出るため、この表はひとつの目安であり、絶対的な値ではありません。
複数の産地にまたがる品種については、平均値で示しています。

お米の産地で味がちがう！

日本でもっとも多く栽培されているコシヒカリ。全国で作られているので、同じ品種でも、育つ場所によって味が少しずつちがいます。

気温でお米の甘味が変わる

お米の味は水や土の質、栽培技術、日照時間などさまざまなものに左右され、もっとも大きく影響するのが気温と日照です。昼夜の差が大きいほど、日中の光合成で得たでんぷんを実の中にしっかりためこむことができ、甘味がつまったおいしいお米が育ちます。コシヒカリの最大の産地は新潟県ですが、日本中で作られており、右のチャートでわかるように土地ごとに少しずつ味がことなります。

平成29年産のコシヒカリの産地別味の分布図

※表の中の名前はコシヒカリの産地名(一部ブランド名)です

日本各地で作られているコシヒカリ

北は東北地方南部から南は九州地方南部まで、日本の田んぼの35.6%でコシヒカリを育てています。もっとも多く作っている品種の1位がコシヒカリという都府県は全国に24※も。たとえば福島県と高知県では気候がまったくちがうので、味がちがうのも納得です。

※米穀機構「平成29年産 水稲の品種別作付動向について」より

←

粒張り

※つぶがしっかりしてかみごたえがある

長野 鈴ひかり

佐賀 天川

栃木

富山 五箇山

この表は前ページと同様に、お米屋さんのスズノブさんが、お店であつかうコシヒカリについて調べた食味チャートです。スズノブさんであつかっているものだけでもこんなに多くのコシヒカリの産地やブランド米があります。全国にはさらに多くのコシヒカリの産地があります。

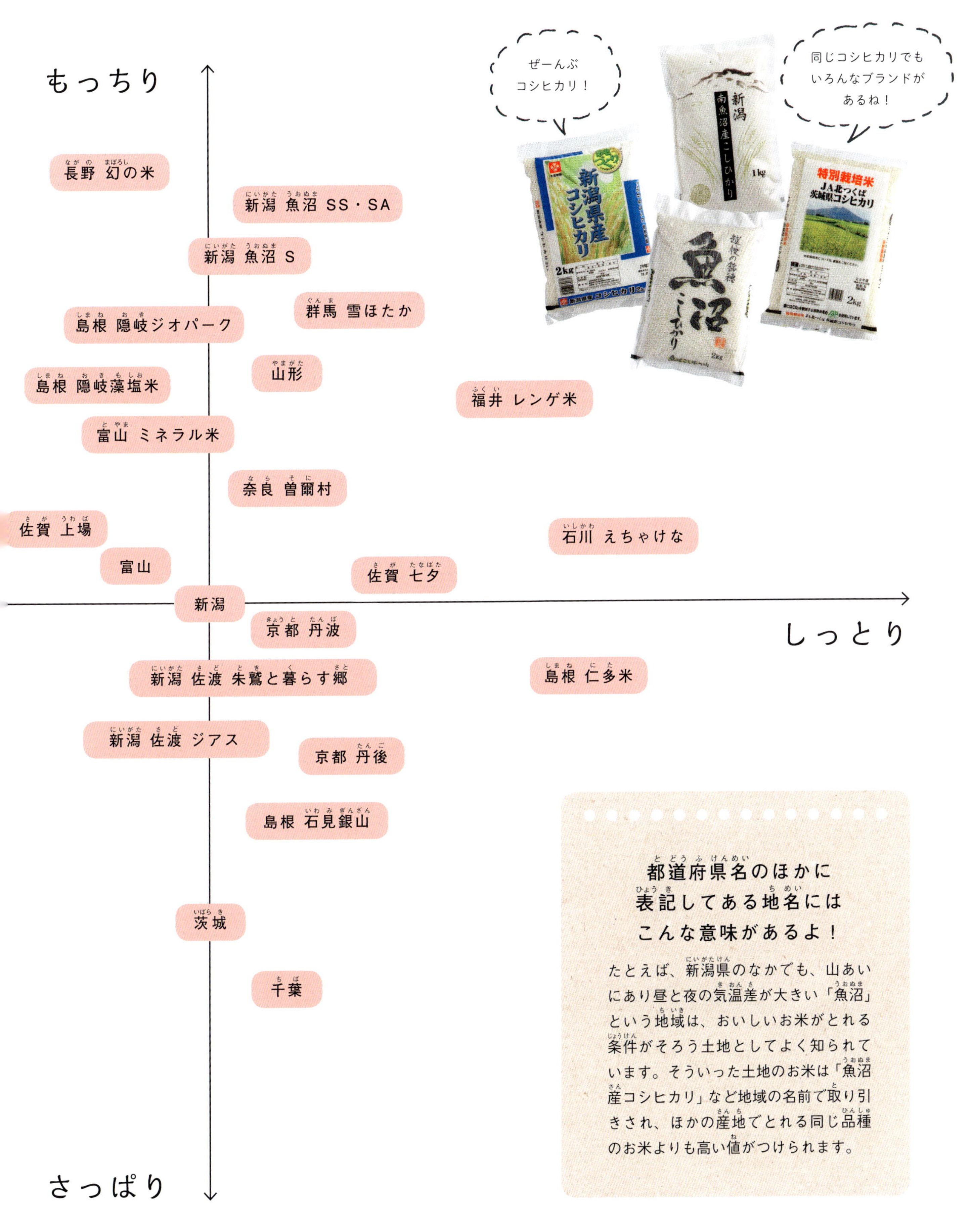

出典：29年産コシヒカリチャート（スズノブ調べ）。
同じ産地でも生産者、流通、管理方法などで味に影響が出るため、この表はひとつの目安であり、絶対的な値ではありません。

お米の基礎知識②

米袋にはなにが書いてある？

米袋には情報がたくさん

そのお米がどんなお米なのか、買う人が選びやすいように、お米の袋には品質についての表示をすることが法律できめられています。産地や品種、収穫した年、販売者のほか、いくつかお米を混ぜている場合にはどんなお米がどれくらいの割合でふくまれるかなどが、ひと目で分かるように書かれています。表示する項目は法律できめられ、一定の大きさ以上の文字で分かりやすく書かなくてはなりません。ちなみに、はかり売りをする場合には、お米の名前と産地を立てふだなどで表示すればいいことになっています。

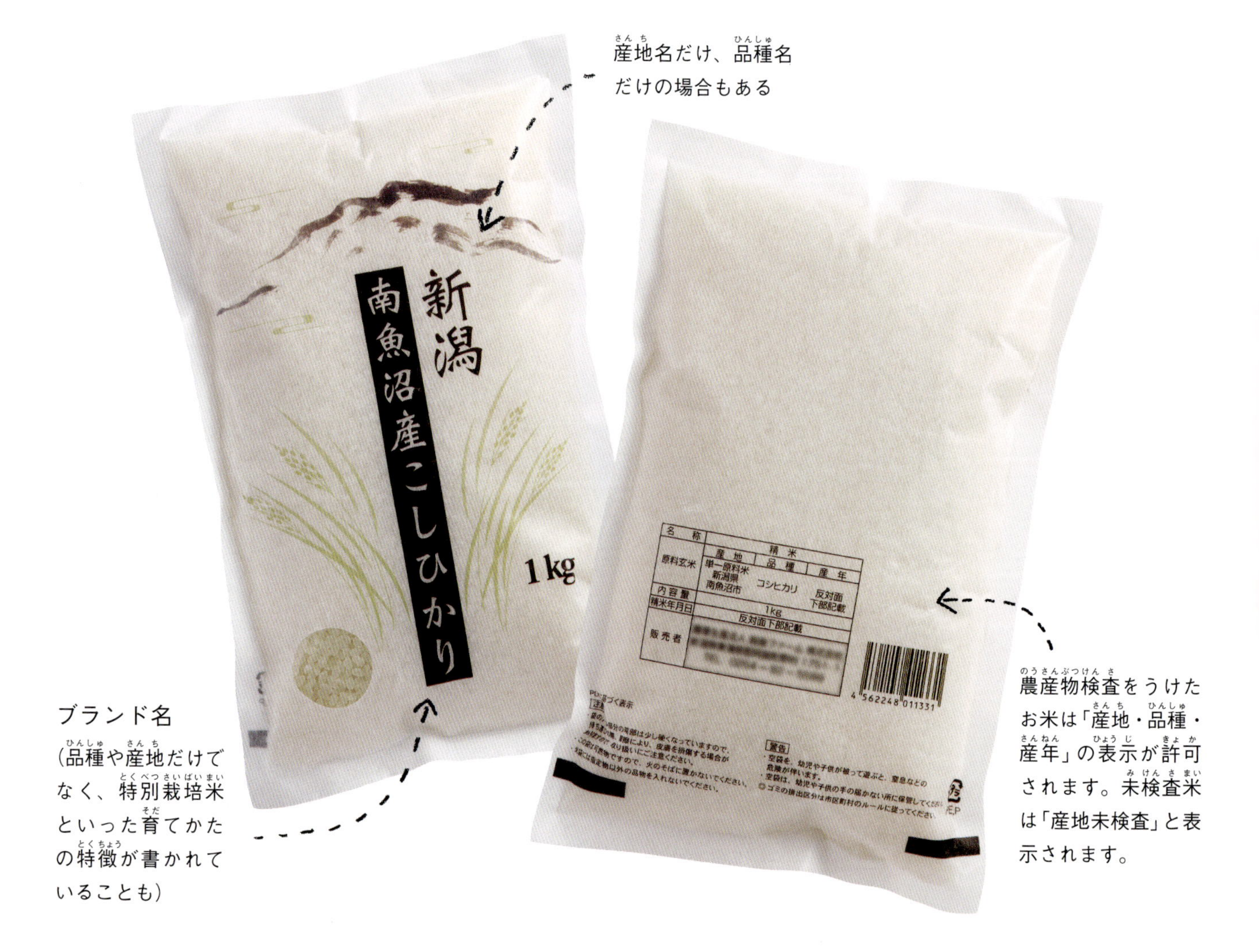

食品表示に書かれている内容

名　称	精米		
原料玄米	産地	品種	産年
	単一原料米 ●●県コシヒカリ平成 30 年産		
内容量	10kg		
精米年月日	平成 30 年　×月　×日		
販売者	(株) ◯◯米店 ××県××市××町 1-1-1 電話 000-000-0000		

名称

うるち米かもち米か、精米か玄米かなどを表示します。わたしたちがふだん食べるごはんはうるち米で、「うるち精米」または「精米」と表示されます。

産年

お米がとれた年が表示されます。産年の12月31日までに包装された玄米や精米にだけ「新米」と表示できます。未検査米は表示できません。

原料玄米

産地・品種・産年（とれた年）が同じものだけなら「単一原料米」と表示され、産地なども記載されます。それ以外は「複数原料米」と表示されます。

内容量

キログラム(kg)またはグラム(g)で記載されます。

精米年月日

精米された日付が表示されます。枠外に表示される場合もあります。精米日がことなるお米を混ぜた場合は、いちばん古い日が表示されます。

販売者

お米を販売する業者の名前や住所、電話番号が表示されます。販売者のかわりに、精米工場をもつ業者や工場の住所が表示されることもあります。

表示のギモン

未検査米ってなに？

農産物検査法にもとづく検査証明をうけていないお米のこと。産地・品種・産年の項目は表示できません。しかし未検査米だから品質のわるいお米というわけではありません。

単一原料米と複数原料米って？

単一原料米は、そのお米が1種類のお米である(産地・品種・産年がすべて同じお米で構成されている)という意味。どれか1つでもちがうと複数原料米と表示されます。

お米に賞味期限はないの？

賞味期限の表示は加工食品に義務付けられており、生鮮食品のお米に表示義務はありません。精米日については年月日の表示義務があるので、選ぶときは参考にしましょう。

お米の基礎知識③

お米の鮮度と品質

お米にも鮮度がある！

お米は収穫から時間がたつほど鮮度が落ち、少しずつ味が変わります。とれたての新米はみずみずしく、やわらかくて甘味がありますが、常温で保存すると時間がたつほどに水分が失われて味が落ちていきます。また、精米してからの時間もお米のおいしさを左右します。精米すると玄米の時よりも酸化しやすくなり、だんだんかたくなって味がわるくなるので、精米したら早めに食べきるのがおいしく味わうコツ。白米は、きゅうりやトマトなどの野菜と同じ生鮮食料品と考え、冷蔵庫などの低温の場所に保管するのがおすすめです。

新米と古米のちがいって？

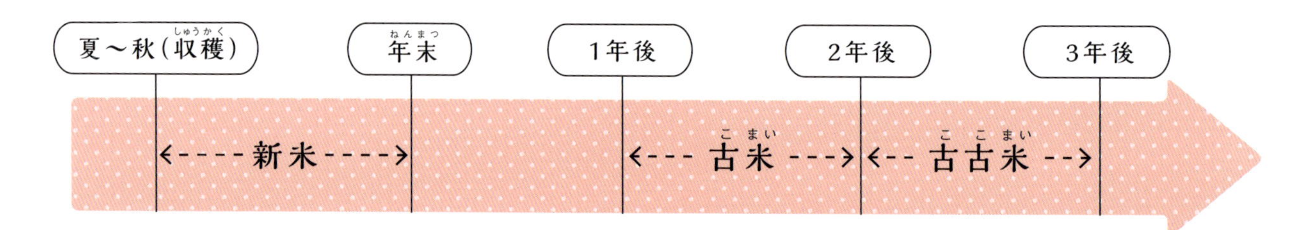

古米や古古米は基本的にスーパーにはならびません。ただし、きちんと管理されたものは劣化が少なく、つぶばなれのよさがあるので寿司店などではあえて古米を使うことも。

新米

秋に見かける「新米」のシール。収穫された年のうちに精米して包装されたお米は「新米」として売ることができます。収穫してから日が浅いので、細胞がやわらかく、ふっくらおいしくたき上がります。

古米と古古米

次の年の新米が流通するようになると、前の年のお米は「古米」とよばれ、さらにその前の年のお米は「古古米」とよばれます。古くなると成分が劣化したり細胞がかたくなったりして味が落ちます。

新米はなぜおいしい？

新米は古米にくらべて細胞壁がやわらかく、ふっくらしています。脂肪の分解がまだ進んでいないため、脂肪酸（たくときに水がしみこむのをさまたげるはたらきをする）の量が少ないことや、脂肪酸の酸化によって出てくるくさみが少ないので、新米はおいしいのです。

……

お米は古くなるとどうなる？

お米は収穫後も呼吸をしていて、見た目は同じでも内部では変化がおこっています。まず細胞壁がかたくなって味が落ちてしまいます。脂肪酸が増えてでんぷんの中に入りこみ、水がしみこむのをじゃましたり、脂質が酸化して、とくゆうのくさみも出てきます。

お米の等級って？

等級検査ってなに？

玄米のつぶぞろいのよしあし（変色したお米や未熟なお米、ひびがあるお米の混入率など）を見た目で判別し、一等米・二等米・三等米にわけます。等級ごとに印が袋におされますが、スーパーマーケットなどにある精米されたお米にはほとんど表示されていません。一等米を買いたいときはお米屋さんに聞いてみましょう。

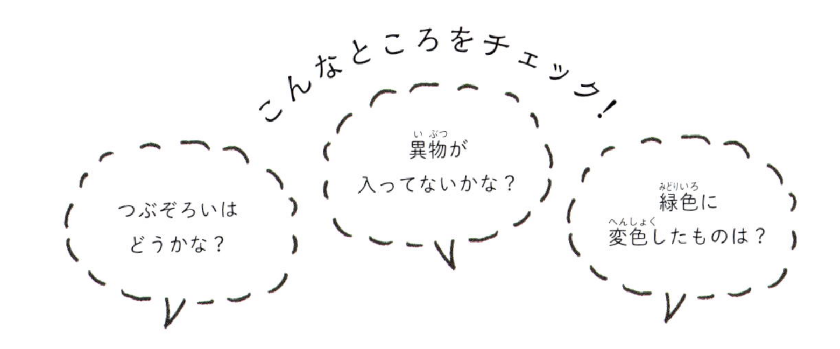

お米の等級をあらわすマーク

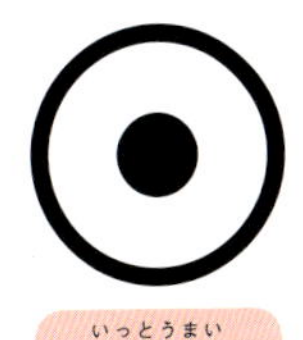
一等米

二等米

三等米

お米の基礎知識④

精米とお米の栄養

精米ってなんだろう？

わたしたちが食べているごはんは、稲という植物の実です。この実はもみとよばれ、かたいから（もみがら）でおおわれていて、そのままでは食べることができません。もみがらだけを取りのぞいたものが玄米で、白米よりかなりかたいのですが、たいて食べることができます。玄米からぬかをけずっていくと白米になります。このぬかをけずり取る作業を精米といいます。

精米が必要なのはどんなとき？

玄米でお米を買った場合、そのまま食べるとき以外（白米などにして食べたいとき）は精米をします。

精米ってどこでするの？

- お米屋さんなど販売店でしてもらう
- コイン精米機※を利用する
- 家庭用精米機で自宅で精米する

などの方法があります。

※スーパーの駐車場などに設置された、お金を入れると精米できる機械。

ごはんにはどんな栄養があるの？

ごはんは バランスがとれた栄養食

ごはんにはエネルギーのもとになる炭水化物をはじめ、体をつくるたんぱく質やカルシウム、鉄分、調子をととのえるビタミンや食物繊維などがふくまれています。玄米はさらに栄養豊富です。腹もちがよく、朝ごはんを食べると一日の活力になります。

※栄養価は「日本食品標準成分表2015年版（七訂）」をもとに計算

どの状態で食べるかで味も栄養もちがう

玄米

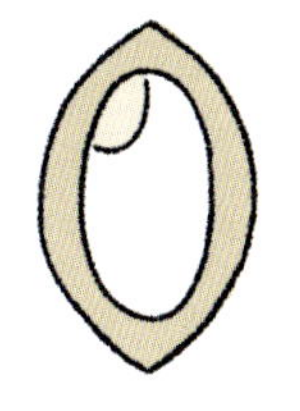

もみがらだけを取りのぞいた状態。種として生きているので、水と温度を加えれば芽がでます。ミネラル、食物繊維が豊富。

発芽玄米

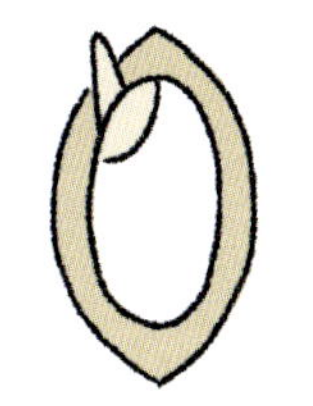

玄米を少しだけ発芽させたもの。発芽に必要な栄養素がお米の中に増えています。アミノ酸の「GABA」は玄米の２～3倍も。

分づき米

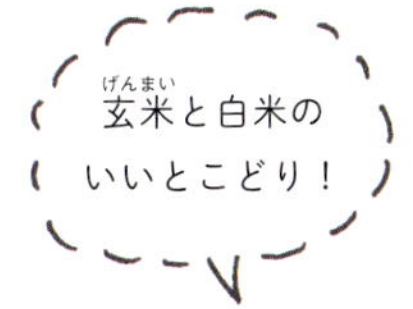

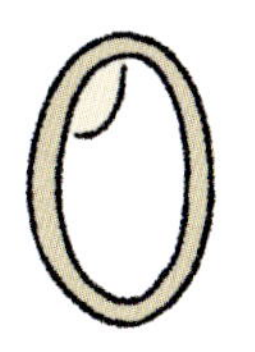

玄米と白米の中間のお米。ぬかをどれだけのこしているかによって、三分づき、五分づき、七分づきと名前がかわります。

胚芽米

玄米から皮だけを取りのぞき胚芽をのこしたもの。白米とのちがいは胚芽があるかどうか。白米よりビタミンEやB1が豊富。

白米

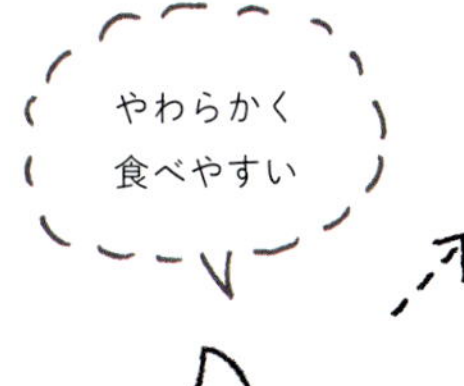

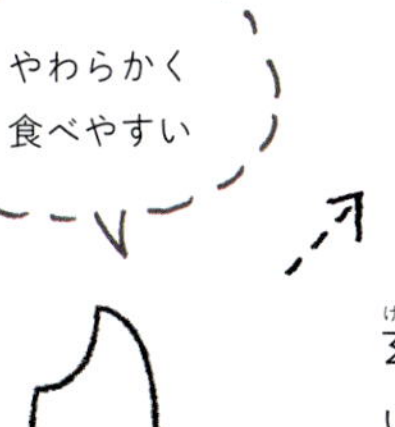

玄米からぬかと胚芽を取りのぞいたもの。玄米よりも栄養価はおとりますが、たくとふっくらもちもちになりおいしい！

お米はさまざまな部分が取りのぞかれて白米になります。取りのぞかれる部分によって見た目も栄養価も変わってきます。玄米から白米に精米すると、お米のまわりを約1割けずり取るため、玄米1kgは白米になると900gほどになります。けずった部分の栄養が減ってしまいますが、食べやすくなり消化もよくなります。

お米の基礎知識⑤

お米のおいしさはどうはかる？

機械で数値化＆人の舌ではかる

お米のおいしさをはかる方法には、人間の舌で評価する「食味官能試験」と、お米の成分を機械で測定して味を推定する「理化学検査」のおもに2つがあります。食味官能試験は日本穀物検定協会が行っているもので、試験をするお米と基準米をパネラー（評価をする人）が食べくらべて評価します。理化学検査は食味計などの機械を使ってお米にふくまれるアミロースやたんぱく質などを測定してお米の味を評価するもので、お米を販売する人や農協がどくじにはかっています。ただし食味計のメーカーはいくつも種類があるうえ評価基準が統一されていないので、ちがうところで検査したお米をくらべることはできません。

お米の食味ランキングってなに？

新聞やニュースなどでも話題になることが多い、お米の食味ランキング。日本穀物検定協会が毎年2月ごろに発表しているお米のランク付けです。全国のおもな産地品種銘柄のお米について食味官能試験を行い、「特A」から「B'」までの5段階で評価します。2017年産について行われた試験で「特A」をうけたお米は43銘柄ありました。

評価するポイントは？

- □外観
- □香り
- □味
- □ねばり
- □かたさ
- □総合評価

どんな人が評価するの？

訓練をうけた20名のパネラーが、基準米（複数産地コシヒカリのブレンド米）と、試験する白米を食べくらべて左の6項目を評価します。基準米と同じなら「0」で、プラスマイナス3点で評価します。

どんなランクがあるの？

基準米よりもとくに良好なものを「特A」、良好なものを「A」、おおむね同等なものを「A'」、ややおとるものを「B」、おとるものを「B'」とランク付け。2017年度は全国151銘柄がエントリーしました。

変わる！ お米の買いかた

お米を手に入れる方法は「お米屋さんで買う」からスーパーへ、さらにさまざまな方法へと選択肢が増えています。どうして変わってきたのか、これからどうなっていくのか考えてみましょう。

お米の買いかた①

お米はどこで買う？

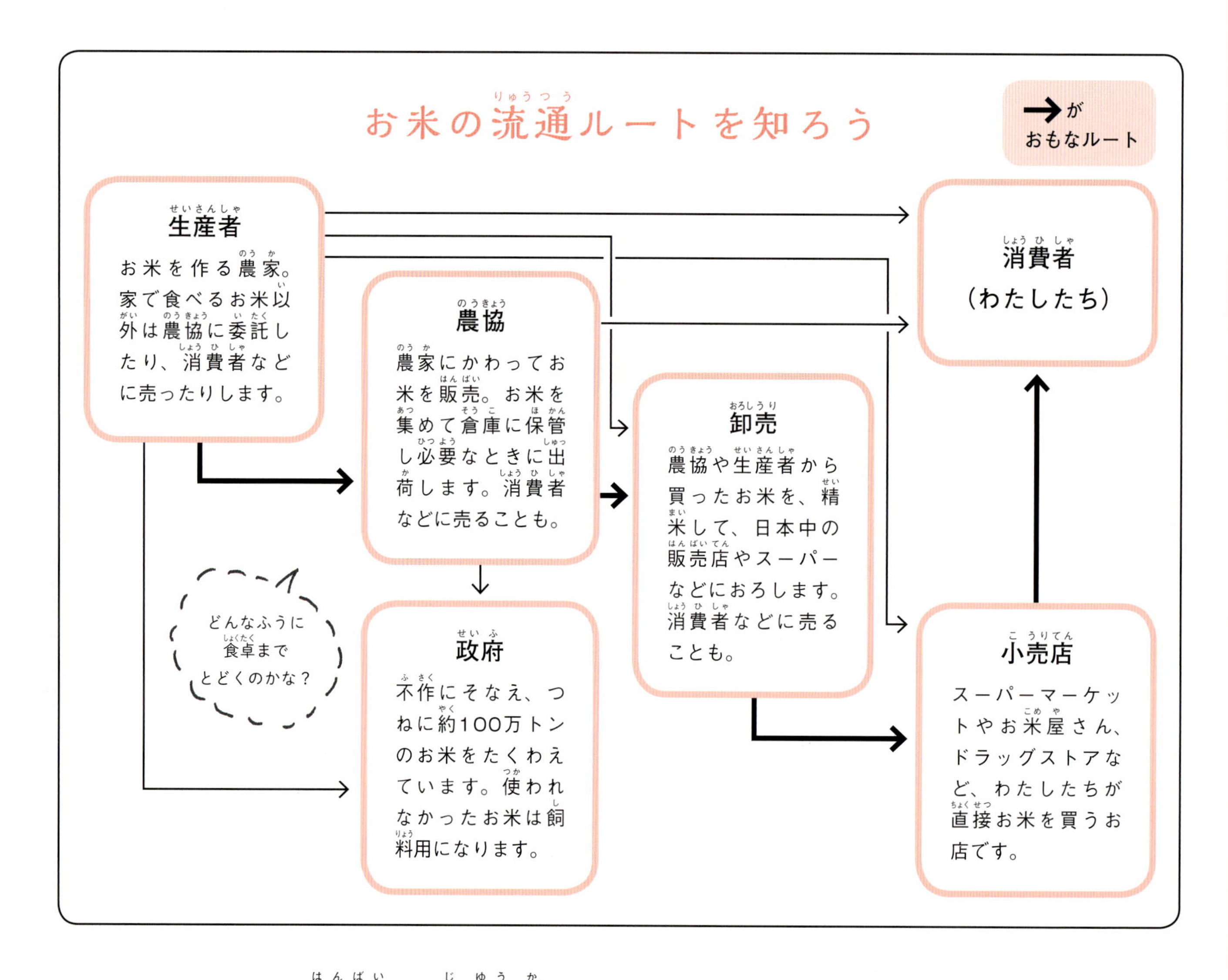

1995年に販売が自由化し今はさまざまに

主食用のお米の約3割が業務用になりますが、のこりの7割は家でたくお米として、上のような流通ルートでわたしたちのもとにとどきます。かつてはすべてのお米を国が管理し、国から許可をうけた人（おもにお米屋さん）以外は消費者にお米を販売できませんでしたが、1995年に販売が自由化。2004年からはとどけ出をすればだれでも消費者にお米を売れるようになりました。

お米を買うお店・お米に使う金額が変化

販売が自由化され、いろんな方法でお米を買えるようになりました。約20年前はお米屋さんとスーパーで買う人の割合はほぼ同じでしたが、平成29(2017)年度(グラフ参照)はスーパーが49%、お米屋さんが3%と大きく変化。お米に使った金額が減っているのは家庭で食べるお米の量が減ったためと思われます。

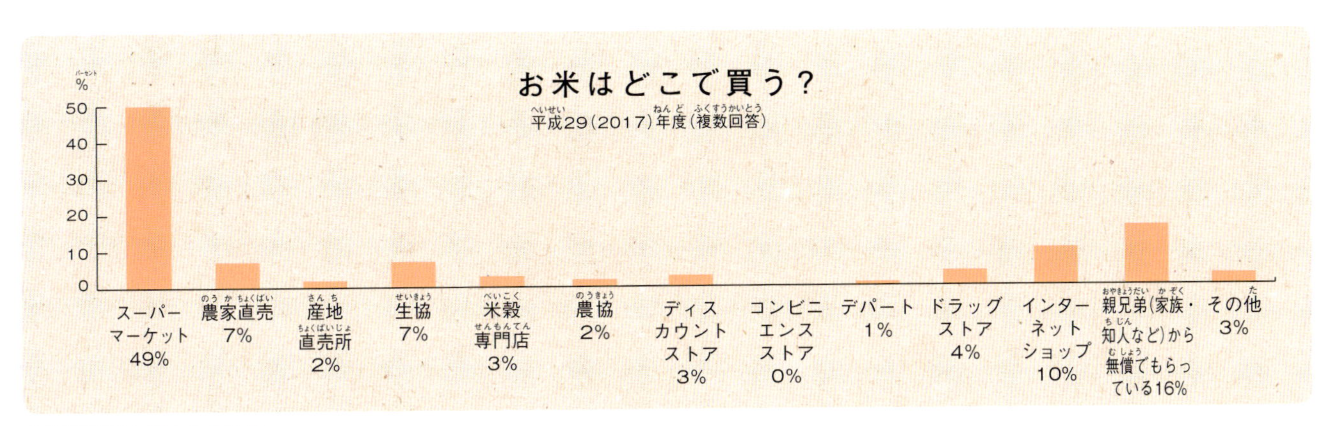

米穀機構「米の購入先の推移」

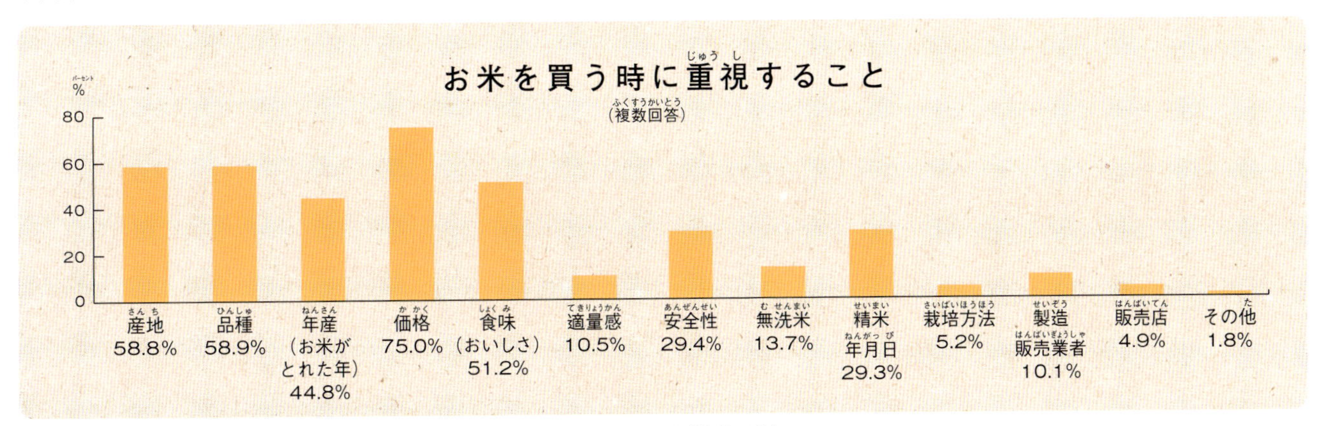

米穀機構「米の消費動向調査結果(平成30年2月分)」より「精米購入時・重視点(複数回答)」

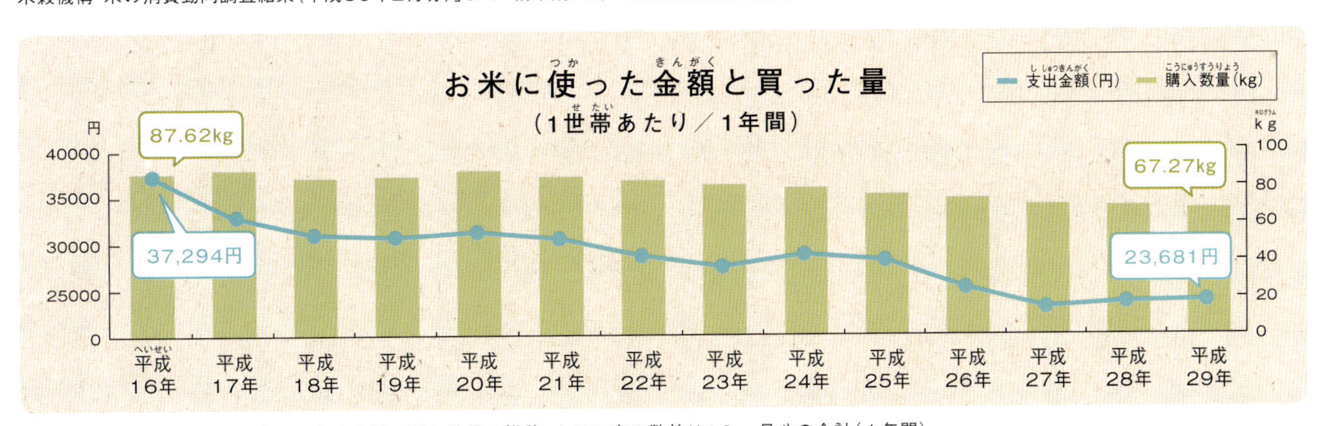

米穀機構「米の1世帯1ヵ月当たり支出金額・購入数量の推移」より※表の数値は12ヵ月分の合計(1年間)

お米売り場へ行ってみよう

スーパーマーケットの場合

約半数の人が、お米を買う場所のひとつにスーパーマーケットを選んでいます。どんなお米が売られているのでしょうか。

スーパーにはどんなお米があるの？

よく知られた品種から新しいものまで、スーパーにはさまざまな地方・品種のお米がならんでいます。おいしさや安全について、スーパーどくじの品質基準をもうけたプライベートブランド（オリジナルブランドのこと）のお米が主力商品です。手軽な無洗米もとりそろえ、体にいい雑穀や発芽玄米の売り上げも、最近のびているそうです。「重たいお米を配送してもらえる」と、ネットスーパーの利用も広がっています。

※ネットスーパーは、実際に店舗があるスーパーがインターネットで注文を受けて、商品を宅配するサービス。

地域によって品ぞろえはちがう？

米どころの店舗では地元のお米が中心です。いっぽう全国から人が集まる首都圏など都市部では、はばひろい要望に合わせ各地のお米をそろえています。

買いやすい工夫って？

好みのお米を選べるよう、品種別の食感マップ（味の分布図）やお米の理化学データ（たんぱく質の値など）を売り場に表示しています（一部店舗のみ導入）。

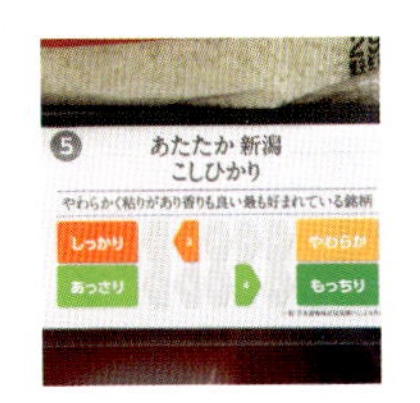

どのくらいの量を売っているの？

このお店では5kgや10kgがよく売れます。最近はいろんな品種をためしたい人や高齢層が増え、2kgや450g、2合（約300g）などの少量パックも売れています。

イトーヨーカドー大井町店を取材しました！

ひろびろとしたお米売り場。消費者が選びやすいように、工夫がされています。

※2018年6月28日撮影

産地や品種はどうやって選ばれているの？

スーパーの仕入れ担当者が田んぼをおとずれ、産地と品種を厳選します。きびしい基準をクリアしたものだけがお店のプライベートブランドになります。

鮮度はどうチェック？

イトーヨーカドーどくじの「あたたかのお米」は、精米から20日以内のものだけをならべています。いつ精米されたものなのか、袋にある日付を見てみましょう。

安全とおいしさを守る工夫

イトーヨーカドーではさまざまなお米を販売していますが、売り場にならぶお米の多くは「あたたかのお米」というどくじのシリーズで、そのなかにはさまざまな産地や品種のお米があります。原料から精米、販売まで、一定の基準にもとづいた検査をくりかえし、品質管理を徹底させたこだわりのお米です。産地と倉庫を指定したお米だけを使って、ほかのお米と混ざらないように管理されています。また、安全性を保つため一般的な農産物検査にはない検査も行うなど、消費者に安心をとどけるための努力をしています。

お米の流れ

（イトーヨーカドーの「あたたかのお米」の場合）

産地では…

仕入れ担当者が産地をおとずれて品種を選びます。どくじの栽培基準に合格したお米だけが商品に。

↓

精米工場では…

同産地・同品種のほかのお米と混ざらないよう管理。指定工場で精米し、20日以内に売りきります。

↓

お店では…

定期的にお米の品質や鮮度を確認。問題があるものはすぐに売り場から下げられます。

毎月1回の検査でおいしさと安全を確認

「あたたかのお米」の品質を守るしくみ

第三者機関による
チェックをかかさない

日本穀物検定協会に依頼し、DNA鑑定、残留農薬、放射性セシウム、カドミウムなどの検査をしています。出荷の前に保管施設で品質を確認するほか、毎月1回、お店の商品もぬきうちでチェックします。

袋のQRコードで
品質や生産者のことがわかる！

米袋にはQRコードがついていて、産地情報や、日本穀物検定協会が行ったお米の検査結果がすべて公開されています。すべての情報を公開しているので、消費者は安心してお米を選べます。

安全性にかんする検査結果や味にかかわる分析情報を見ることができます。

品質に関する
情報はこちらから

ホームページまたはこのQRコードにアクセスすると、このお米についての詳しい情報がご覧になれます。
https://www.kokken-kome.info/?idNo=602086

ホームページにはとれた産地の写真ものっているよ！

いろいろある お米の 入手ルート

専門店が減って通販が増加

かつてお米は専門店（お米屋さん）で買うのが当たり前でしたが、今ではいろんな方法で買えるようになり、お米屋さんで買う人が減ってしまいました。そのぶん、のびてきたのがスーパーマーケットやインターネットショップです。お米屋さんはただお米を売るだけでなく、ほかのお店にはない品ぞろえで勝負したり、おいしい食べかたを紹介したりして、差別化をはかっています。ここでは、それぞれのお米の入手ルートを紹介します。

生産者から直接

流通ルートを通さないから作った人の顔が見える

一般的な流通ルートを通さずに、農家から直接お米を買う方法があります。お店で売られているお米の多くは産地や品種がわかっても、どこのだれが作ったお米なのかはわからず、いくつかの田んぼのお米が混ざっていることがほとんどです。農家から直接買うと作っている人の顔が見える安心感があります。なかには、有機栽培などこだわりのお米を販売している農家もあります。

親類などからもらう

無償でお米をもらう人は全体の16％もいます

親類や知り合いの農家の人から直接お米をゆずりうける人もいます。そうしたお米は「縁故米」とよばれます。スーパーでお米を買う人の割合が全体の49％なのに対し、縁故米は16％と2番目に多くなっています（P19）。とくに新米が出回る季節と、お正月やお盆などの帰省シーズンにもお米をもらう人が増えるので、その時期には小売店でややお米が売れなくなる傾向もあるようです。

生協で

どくじの基準をみたした安全性の高いお米

パルシステム・コープデリ・生活クラブ・グリーンコープなど、宅配事業をしている生協団体はエリアごとにいくつもあり、オリジナルブランドのお米を販売しています。玄関まで配達してくれるので、重たいお米を買うには便利です。年間登録をすることで、定期的にお米がとどくシステムもあります。農薬や肥料についてどくじの基準がある団体では、安全性の高いお米が手に入ります。

お米屋さんで

新品種の紹介などお米の情報も発信

むかしながらのお米の専門店が全国的に減るなかで、ていねいな接客と専門店ならではの品ぞろえで勝負している個性豊かなお米屋さんもあります。全国各地からおいしいお米を探してお客さんに提案するだけでなく、同じ品種でも産地で変わる味や料理との相性など、専門的な情報提供ができるのは、お米のプロならではの強み。お米の消費が減っているなか、お米屋さんの役割が期待されます。

インターネットショップ

どこに住んでいても日本各地のお米が買える

食品や日用品をインターネットで買う時代になり、いっしょにお米を買う人も増えています。24時間いつでも注文できるうえ、生産者や産地の情報がホームページに掲載されているので、さまざまな産地から好みのお米を選べます。また、安さを重視する場合もネットが便利です。「無洗米専門」「九州のお米専門」など、特色のあるお米のネットショップも登場しています。

お米ショップ
お米の達人 米蔵人さんにきいてみました！

どんなお米をあつかっているの？

九州の産地直送米が中心です。発送当日精米・真空包装などがこだわりです。

利用者はどんな人？

日本全国はもちろん海外からも注文があります。40〜50代のお客さまが多いです。

どうして利用者が増えているの？

メールマガジンなど、ネットの特性を利用した発信が効果的だったのでは。

お米の達人 米蔵人　https://www.rakuten.co.jp/fuchigami/

お米屋さんに行ってみよう

さまざまな方法でお米が買えるようになり、お米屋さんにはより専門性が求められるようになりました。時代の変化に合わせ、お米屋さんの取り組みはどう変わってきているのでしょうか。

お米屋さんの仕事 今とこれから

お米の専門店では、どんなふうにお米を仕入れたり売ったりしているのかな？ ほかの小売店とのちがいを見てみよう！

お話を聞かせてくれたのは

西島豊造さん

東京・目黒の米専門店「スズノブ」店主。五ツ星お米マイスターの資格をもち、産地と消費者をつなぐパイプ役としてブランド米作りや地域活性化にも取り組む。

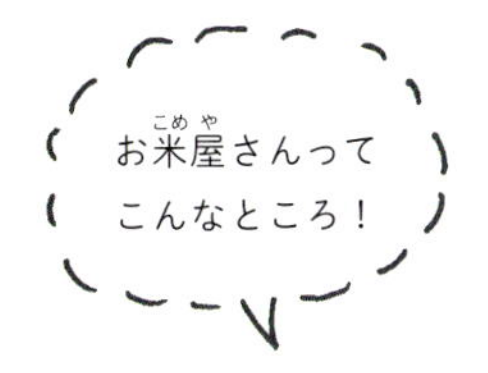

お店によって品ぞろえがちがう！

自分に合うお米を見つけるなら、お米屋さんに足を運んでみましょう。お米屋さんの特徴は、なんといっても品ぞろえのよさです。スーパーマーケットでは、多くの人に人気のある代表的な産地・品種のお米を置いていますが、お米屋さんではあまり流通していない限られたエリアのお米や、特別な方法で育てられたこだわりのお米がならびます。一般の袋売りのお米よりねだんは高めになりますが、お店によってことなる品ぞろえを見るのも楽しそうです。お米屋さんでは玄米ではかり売りすることが多く、その場で精米してもらえます。こまめに少しずつ買えばいつでも新鮮なお米が味わえるのもお米屋さんで買ういいところです。最近では“お米の博士号”とも言える「お米マイスター」の資格をもつお米屋さんも増えてきています。産地や品種ごとの味のちがいやそれに合う料理、おいしいたきかたなどを研究しているので、お米マイスターのいるお店で買うといろんな情報を知ることができます。全国各地のお米の中から自分の好みに合うものを見つけたり、いろんなお米を食べくらべしたりといった、お米の楽しみかたが広がります。

スズノブさんであつかうのは
こんなお米です

おいしいお米を求めて、遠くからおとずれるお客さんも多いスズノブ。お店には、特別な栽培法や地域を限定して差別化をはかったブランド米がならびます。いずれもほかではあつかいのないお米ばかりです。たとえば「魚沼産コシヒカリ」は高級米として有名ですが、お店では1.9mmのあみでふるいにかけた大つぶの「北魚沼産」を選定。一等米を、産地の農協でさらに3区分にわけたなかから最高級ランクのお米を選んで仕入れいています。また関東ではあまり見ない西日本や九州のお米も売られています。

買う人が産地や品種についてわかるよう、それぞれのお米にお店オリジナルのシールをはって販売しています。店舗では1kgから販売。好みに合った精米をしてもらえます。

西島さんに聞きました

お米屋さんってどんなことをしているの？

お客さんの注文にこたえる

朝いちばんにメールをかくにん！

お店を開けたらまずはメールのチェック。ネットショップに入ったお客さんからの注文を確認するほか、産地や問屋さんからのメールにも返信します。取材をうけたり、お米にかんする原稿を書いたりすることも。お米のプロとして、食品メーカーなどからコメントを求められることもあります。

店先の接客だけでなく、パソコンを使っていろんな人と連絡をとるのも仕事です。

産地の人と情報のやりとり

栽培中のお米の情報を交換し売りかたも提案する

お米の情報について、産地とやりとりするのもお米屋さんの大切な仕事です。西島さんはふつうのお米屋さんとくらべて産地とのかかわりが深いので、産地からとどいた栽培中のお米の分析データを見ながら「もう少し食味をよくしたい」など、どうすれば目指すお米になるか、話し合いを行います。

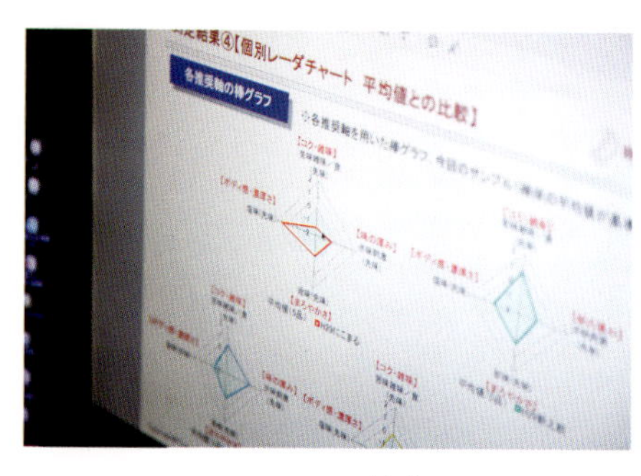

いいお米を作ることは産地にとってもお米屋さんにとっても共通の目標です。

仕入れたお米の管理と選別

選別のための機械で色のわるいお米をよりわける

色彩選別機で玄米に混ざる「活き青米」や未成熟米を取りのぞきます。適度に混ざるとおいしいという考えから活き青米をあえて混ぜることもありますが、スズノブではたきあがりがわるくならないよう除去します。仕入れるお米は一等米のみ。さらに青米をはじくので、厳選されたお米になります。

収穫時期が早いと活き青米に。精米すると白くなりますが、風味は落ちます。

※青米は、成熟しているものの、刈り取りのタイミングが早く緑色がかった玄米のこと。

注文ぶんのお米を精米する

お客さんの注文ごとに精米のやりかたを変える

お客さんの好みにおうじて「白米」「分づき米」など、精米のしかたを調節します。精米のときに熱が高くなりすぎると水っぽくやわらかいごはんになってしまうので、質の低下には気をつけています。また、お米の割れや白度(白さの程度)にも気をくばります。玄米2.2kgは精米すると約2kgになります。

精米する人、出荷する人、接客する人と、お店のスタッフは分業ではたらいています。

お米を袋につめて出荷する

注文をうけたお米をそれぞれの送り先に発送

精米したお米を袋につめて商品ラベルをはります。店頭で注文をうけたお米以外にも、デパートにおろしているもの、ネットショップで注文をうけたものなど、それぞれ発送作業をします。精米したてのおいしさを保てるよう、密閉容器に入れて冷蔵庫で保存するようお客さんにアドバイスします。

デパートにおろすお米を準備しているところ。出荷先に合わせて包装します。

来店したお客さんに対応

好みに合ったお米の紹介や産地のくわしい情報を提供

店頭ではなにを買えばいいか迷うお客さんがほとんど。「やわらかめとかため、どちらが好みか」「おかずは、あげものが多いかあっさり系が多いか」「炊飯器のメーカーは？」などをたずね、合うお米を提案します。「ワインを選ぶときのようにお米もいろいろとためしてほしいですね」と西島さん。

スズノブでは1kgずつ4種類など、少しずつたくさんの種類を買う人が多いそう。

お米屋さんはこんな工夫をしています

お客さんを増やす工夫のひとつが接客です。ときにはひとりに20～30分かけることも。オムライスならパラパラして風味のいい「天のつぶ」、卵かけごはんならしっとり甘い「いちほまれ」というように、新しい品種や料理との相性も紹介します。最近はネット販売が増えていますが、リピーターになってもらうには「お店に来てもらい、お米の情報を直接伝えることが大切」と西島さんは考えています。

産地の特徴、栽培のこだわりなどが書かれたブランド米のパンフレットをわたして、ていねいに説明。なかには西島さんが内容を監修したものもあります。

店内の半分は倉庫をかねたスペース。「都内の店舗なのでスペースの都合上、倉庫をもてません。そのぶん商品の回転をよくする努力をしています」

在庫を最小限にして鮮度のいいお米を提供

産地とこまめに連絡をとって、仕入れ量を調整します。最小単位で仕入れるため、商品は1週間で一回転。よぶんな在庫をかかえないので、いつも新鮮です。

売り場のレイアウトを定期的に入れかえる

売り場のお米のケースのならびを季節ごとにガラリと変えることで、いろんな商品が目にとまるようにしています。お客さんをあきさせない工夫です。

食味チャートを作り味について案内

好みのお米が見つかるよう、どくじの食味チャート（P6～9）を作って配布。玄米やコシヒカリに特化した食味チャートも作るなど専門店ならではのこだわり。

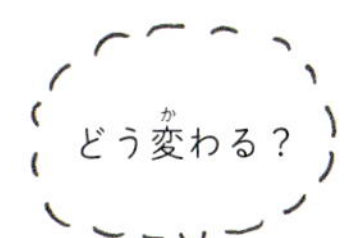

お米屋さんのこれから

「今の米屋は安さではほかの小売店とは勝負できない。これからは、お米の魅力を伝えていくプロの売りかたが、さらに求められます」と西島さん。いいお米屋さんは「新潟と富山のコシヒカリのちがいは？」と聞いたとき、納得できる説明をしてくれるそうです。買う人が好みに合ったお米を選べるように手助けをしてくれるのが、専門店であるお米屋さんの魅力だといいます。「お客さんにしっかり情報を伝えられるよう、米屋は勉強し続けていかないといけません」。また西島さんは、米づくりをもり上げるため、産地と協力してお米に付加価値をつけて売りこむブランド化に力を入れています。土づくりや栽培、宣伝の方法についてもアドバイス。お米屋さんの最先端を行くのが西島さんの仕事です。

スズノブ店内のふだにはお米の情報が書かれています。一般的な米袋に表示される「新潟県産コシヒカリ」などの商品名ではなく、ここでは「福井永平寺町れんげ米コシヒカリ」のように、同じコシヒカリのなかでも差別化したブランド米を売っています。

お米とごはんの保存について

味の低下をふせぐ保存法

お米は、精米するととても酸化しやすくなります。冷蔵庫に入れて保存し、できるだけ早めに食べきりましょう。冷蔵庫に入れておく場合でも、精米したてのおいしさを保てるのは1か月半くらいです。常温で保存するとカビが生えたり虫がわいたりするほか、お米の表面が湿気って、とぐときにうまみが流れやすくなっておいしくたけません。また、買ったときの米袋には小さな空気あながあいているので、保存するときは1～2合くらいずつ保存用の袋に入れかえて、密閉しておきましょう。

冷蔵庫に入れる理由

気温や湿度が低い場所のほうがお米の劣化をおさえられます。それでもだんだん味は落ちてしまうので、早めに食べきれるように、少量ずつ買うのがおすすめです。冷蔵庫に入らない場合はなるべくすずしい場所へ。においが強い洗剤や芳香剤のそばに置くと、すぐにおい移りするので気をつけましょう。

虫よけにはトウガラシ

お米を常温で保存すると、コクゾウムシという虫がわくことがあります。暖房がきいた部屋に置くと冬でも虫がわく可能性が。最近のお米は農薬を減らしているため虫が発生しやすいのです。お米にトウガラシやニンニクを直接入れると虫よけになります。

トウガラシで
防虫してね

あまったごはんは冷凍

たいた後、炊飯器で保温したままだと、ごはんの味はどんどん劣化します。食べきれないときはラップでつつむか密閉容器に入れて冷凍保存し、食べるときに電子レンジで温めたほうが、たきたてのおいしさを味わえます。ラップをするときはフワっとつつみ、10分ほど置いて、あら熱をとってから冷凍庫へ。

お米の
とぎかたとたきかた

精米技術や炊飯器の性能は日々進化しています。お米自体もやわらかくなっているそうです。お米のとぎかたやたきかたは時代とともに変わっています。今のお米に合う調理を知っておきましょう。

お米のとぎかたとたきかた

はかる・とぐ・ほぐすで お米のおいしさを引き出す

最近の炊飯器は性能がすぐれているのでボタンひとつでおいしいごはんがたき上がります。しかし「お米の計量・とぎかた・水加減・ほぐし」といった前後の手順をまちがえると、おいしさがそこなわれてしまいます。なかでもとぎかたは、精米技術の進化で、ひとむかし前のゴシゴシとぐ方法とは大きく変わりました。スズノブの西島さんに、ごはんを上手にたくコツを教えてもらいます。

はかる 正しい「すりきり」をおぼえよう

計量カップに山もりの米をすくい、左右に軽くゆらして米のすき間をなくします。はしなどをカップの口にすべらせてあふれた米を取りのぞくと、正しいすりきり1杯に。正確にはかることが大切！

はじめの水

さいしょの水がかんじん！

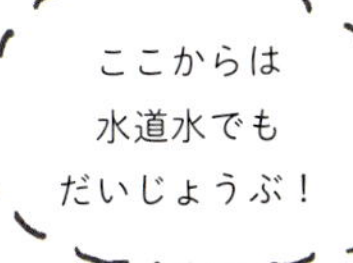

さいしょはお米が水を一気に吸うので、浄水器の水かミネラルウォーターを。炊飯器の内釜は使わずボウルでとぎましょう。

水につかったら1〜2回手で混ぜ、水をすてます（水を入れてからすてるまで約10秒）。お米がとぎ汁を吸わないよう、手ばやく。

もう一度水を入れます。全体に水がいきわたるよう、手でお米の表面のよごれをあらうように1〜2回混ぜ、すぐ水をすてます。

20回あらう

まんべんなく20回やさしくあらう

水をきったお米に、野球のボールをつかむように広げた指を入れ、円をえがくように指先でシャカシャカと20回混ぜます。

米つぶどうしのまさつで表面のよごれをとるイメージ。適度についた傷からお米の中に水分が入り、ふっくらたきあがります。

20回ほどかき混ぜると、白くにごったとぎ汁が出てきます。これはぬかやよごれです。取りのぞくことで、おいしいごはんに。

すすぐ　水を入れて手ばやくすすぐ

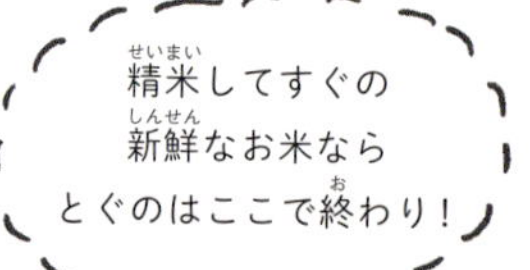

ボウルにたっぷりの水をそそぎ入れてとぎ汁をうすめ、手で2〜3回お米をかき混ぜて、まんべんなくすすぎます。

水をすてます。さらにもう一度、先ほどと同じようにすすぎます。はじめの水を入れてからすすぎ終わるまで3分以内を目安に。

水気をきります。とぎ汁が白すぎてお米が見えないときや、精米から日にちがたっているお米の場合は、追加でとぎます。

追加でとぐ　さらに10回といで、2回すすぐ。終わったら、とぎ汁をチェック！

指を広げてお米をシャカシャカと混ぜます。追加でとぐ場合は10回でOK。とぎすぎるとうま味がにげるので注意しましょう。

とぎ汁をうすめるように水をたっぷりそそぎ、手で2〜3回軽く混ぜ、水をすてる、という作業を2回くりかえします。

正しくとげているか心配なら、水を入れて確認を。とぎ汁の色が写真のようにうすくにごるくらいになっていればじゅうぶん。

たく

水の量を正確にはかり炊飯器へ

お米をたくときに入れる水は、浄水器の水かミネラルウォーターを。水の量は米と同量に。計量カップで正確にはかりましょう。

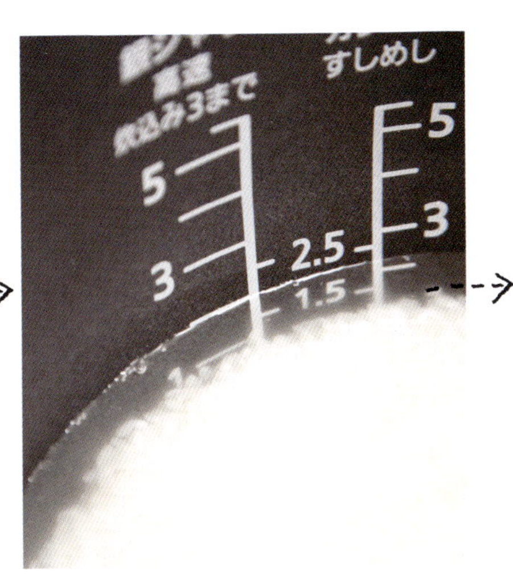

水の量は炊飯器の内釜の目もりでもはかれます。上から見たときと横から見たときでは誤差があるので、気をつけましょう。

最近の炊飯器の多くは浸水時間がたく時間にふくまれているので、すぐに炊飯スタート。炊飯器により浸水時間が必要なものも。

ほぐす

たきあがったらすぐにほぐす

たけたらすぐふたをあけ蒸気をとばします（蒸らし機能がない場合は10～15分まつ）。十字に切るようにしゃもじを入れます。

ふんわりと
空気を入れる
イメージで！

内釜からごはんをはがすようにしゃもじを入れ、4分の1ずつすくい上げて、底のごはんが上にくるようにほぐします。

たきあがり！

まんべんなくほぐしたらできあがり。そのままだと水滴でごはんが水っぽくなるので、たけたらすぐにほぐしておきましょう。

ごはんをたく・食べるための道具いろいろ

炊飯器はおいしくて手軽ですが、おなべでじっくりたいたごはんの味はまた格別です。
また、電子レンジで使えるなべなどの便利な道具は、毎日のくらしを助けてくれます。
さまざまな方法やおいしくする道具を知り、日々のごはんをゆたかに楽しみましょう。

いろんな
なべがあるよ！

炊飯土鍋

伊賀焼の陶器製の炊飯土鍋。お米の芯からふっくらたきあがり、保温性もばつぐん／長谷園かまどさん二合炊き1L

炊飯土鍋

二重のふたで適度な圧力をかけてたきあげます。電子レンジと直火の両用です／おもてなし和食 炊飯土鍋 1合炊き

炊飯鍋

アルミ鋳物製でふきこぼれにくく、軽いので、あつかいや手入れもかんたんです／トオヤマ文化鍋16cm

電子レンジ用ガラス鍋

付属のふたについた水分がごはんにもどりうま味を引き出します／アスベル ガラスレンジ調理ごはん釜 オレンジ

電子レンジ用圧力鍋

レンジでチンする圧力鍋でもおいしくごはんがたけます。軽量でコンパクト／マイヤー 電子レンジ圧力鍋2.3L イタリアンレッド

計量カップ

底にのこったお米もキレイにすくえる形です。もち手があるので使いやすいです／イノマタ ライスカップ

東急ハンズ広報の
洞内貴さんに教えていただきました！

※ここで紹介している商品は、2018年5月時点、販売中のものです。
一部店舗であつかいがない、また販売が中止される場合もあります。

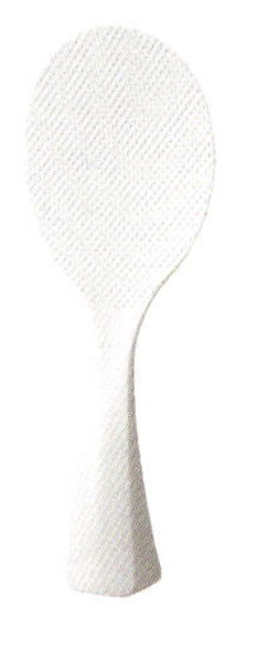

米とぎ用ボール

内側のでこぼこでじょうずにお米がとげ、穴があるので水切りもかんたん／イノマタ 米とぎメジャーボール22cm

竹のしゃもじ

天然竹でできたしゃもじ。竹はしなやかで適度な強さがあり、熱でとける心配がありません／しゃもじ上 大

しゃもじ

表面におうとつがあってお米がつきにくく、自立するので衛生的で置き場にこまりません／マーナ 立つしゃもじ ホワイト

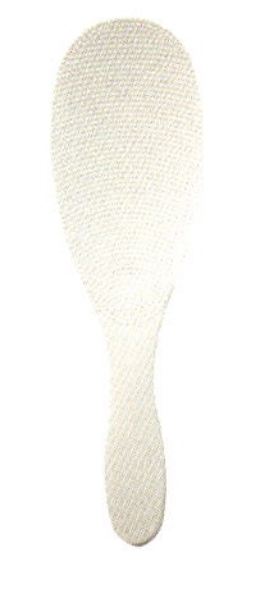

しゃもじ

うすいので米つぶをつぶしにくく、おうとつがあるのでくっつきにくいしゃもじです／マーナ 極しゃもじ ホワイト

曲げわっぱ

杉がごはんのよぶんな水分を吸って、おいしさを保ちます／左から、曲げわっぱ 小判弁当 中、ヤマコー 日本の弁当箱 小判

保存容器

一膳分のごはんを保存する、いれもの。ふたをしたままレンジ加熱できて便利／楽ちんパック ごはん一膳用 4色組

参考資料

『aff』農林水産省
『お米なんでも図鑑』ポプラ社
『お米の教科書』宝島社
『お米の達人が教える ごはん基本帳』家の光協会
『米 イネからご飯まで』柴田書店
『米と日本文化』評言社
『しぜんのひみつ写真館 ぜんぶわかる！イネ』ポプラ社
『新版 米の事典 ー稲作からゲノムまでー』幸書房
『生活情報シリーズ⑥米の知識』国際出版研究所
『世界でいちばんおいしい お米とごはんの本』ワニブックス
『世界のおいしいお米レシピ』白夜書房
『そだててあそぼう イネの絵本』農山漁村文化協会
『日本の米づくり』岩崎書店
『農業の発明発見物語①米の物語』大月書店
『47 都道府県・米／雑穀百科』丸善出版

参考資料＜ウェブサイト＞

農林水産省ホームページ
米穀機構 米ネット　http://www.komenet.jp/

取材協力

公益社団法人 米穀安定供給確保支援機構
一般財団法人 日本穀物検定協会
株式会社セブン＆アイ HLDGS.
株式会社スズノブ
株式会社東急ハンズ

お米のこれからを考える②
おいしいお米ってなに？　お米の買いかたと食べかた

「お米のこれからを考える」編集室

本文執筆　中島夕子
撮影　平石順一
イラスト　なかきはらあきこ
デザイン　パパスファクトリー
校正　宮澤紀子

発行者　内田克幸
編集　大嶋奈穂
発行所　株式会社　理論社
〒101-0062　東京都千代田区神田駿河台 2-5
電話　営業 03-6264-8890
編集 03-6264-8891
URL　https://www.rironsha.com

2018 年 10 月初版
2019 年 10 月第 2 刷発行

印刷・製本　図書印刷

ISBN978-4-652-20276-0　NDC616　A4 変型判　27cm　39p